未成年人
应急避险安全防护

WEICHENGNIANREN YINGJIBIXIAN ANQUANFANGHU JIAOYUDUBEN

教育读本

主 编 张克

黄河水利出版社

图书在版编目（CIP）数据

未成年人应急避险安全防护教育读本/张克主编 . —郑州：
黄河水利出版社，2014.5
ISBN 978 - 7 - 5509 - 0800 - 0

Ⅰ．①未…　　Ⅱ．①张…　　Ⅲ.①安全教育-青少年读物
Ⅳ．①X956-49

中国版本图书馆 CIP 数据核字（2014）第096505号

出　版　社:黄河水利出版社
　　　　　　地址:河南省郑州市顺河路黄委会综合楼14层　　　　邮政编码:450003
发行单位:黄河水利出版社
　　　　　　发行部电话:0371 - 66026940、66020550、66028024、66022620(传真)
　　　　　　E-mail:hhslcbs@ 126. com
承印单位:河南利达印刷有限公司
开本:787mm×1 092mm　 1/16
印张:6
字数:140 千字　　　　　　　　　　　　　印数:1—10000
版次:2014 年 5 月第 1 版　　　　　　　　印次:2014 年 5 月第 1 次印刷

定价:19.60 元

前言 Qianyan

　　青少年是祖国的未来、民族的希望，是中国特色社会主义事业的接班人。青少年安全健康成长，是国家和社会重点关注的问题，尤其是未成年人的安全问题，牵动着千家万户，关系到社会的稳定、和谐发展。目前，我国14岁以下未成年人的人数为2亿2千多万，占我国总人口的16.60%。由于未成年人缺乏自我保护意识、缺少正确人生观指导且我国的未成年人保护机制尚不完善，导致各种事故、人身意外伤害的发生，甚至危及生命，给个人、家庭和社会带来了极大的伤害和损失。

　　近年来，每一次听闻关于未成年人溺水、交通事故、食物中毒、人身意外伤害等事故的发生，我们的心情都更沉重一分。所以，推动"未成年人应急避险，加强安全防护意识和自护自救知识"的普及教育已刻不容缓，也是我们必须承担的社会责任。

　　"生命重于一切"是我们编辑出版《未成年人应急避险安全防护教育读本》的目的。本书针对未成年人容易遇到的一些事故、伤害，用生动活泼的卡通漫画和通俗易懂的文字，普及未成年人在生活中的安全预防与避险自救知识，使他们掌握各种应急避险、防护自救的技能，不断增强自我防范的意识，减少意外事故的发生，避免意外的人身伤害，为未成年人的健康成长筑起一道安全防线。

　　本书为社会公益教育读本，在本书编写中参考了相关书刊资料，在此一并致谢。

目录 Contents

★ 第一章 人身安全预防 ★

★ 第二章 交通安全预防 ★

★ 第三章 自然灾害预防 ★

★ 第四章 生活安全常识 ★

☆ 第五章 食品安全知识 ☆

★第六章 报警常识★

★第七章 必须掌握的急救知识★

第一章　人身安全预防

　　调查显示，我国每年有超过20万名14岁以下的儿童因意外伤害死亡。中小学生因溺水、触电、食物中毒、建筑物倒塌等意外死亡的，平均每天有40多人。意外伤害已成为威胁青少年安全的"头号杀手"。看到一个个鲜活的小生命在眼前消失，我们迫切地感到，未成年人的安全防护问题已成为当前不可忽视的重要问题。

　　以下对未成年人经常遇到的问题的辅导，对于帮助未成年人正确认识和解决自己在生活、学习和成长中遇到的种种问题，善于识别和应对生活中的种种意外和风险，从而健康成长具有重要的意义。

未成年人如何正确应对父母不在身边
WEICHENGNIANRENRUHEZHENGQUEYINGDUIFUMUBUZAISHENBIAN

　　每当看到其他小朋友、同学在父母的陪伴下去购物、游玩时，你不要嫉妒，也不要怨恨父母。你应该静心地想一想，父母为什么要外出打工？他们的目的是什么？

　　"可怜天下父母心"，每一个父母最宠爱的永远都是他们的孩子。他们离别自己心爱的宝贝，远赴他乡，风吹日晒，辛勤工作。他们洒下的每一滴汗水都包含了对你浓浓的爱。他们的一切努力就是希望你能够安心地学习和幸福快乐健康地成长。感恩父母，虽然你暂时失去父母的陪伴与呵护，但你同时得到了自立、自强和面对一切困难的勇气，这是其他有父母陪伴的小朋友没有的。感恩父母，父母不在身边的日子，你应该学会适应，学会改变，振奋精神，用更加努力、积极、乐观的学习，回馈父母的关爱。

儿童遭遇家庭暴力和变故怎么办

ERTONGZAOYUJIATINGBAOLIHEBIANGUZENMEBAN

　　父母吵架、打架或是离异等家庭暴力和变故，给青少年的心理带来了压力和阴影，可能会使他们性格变得孤僻、沉默、暴躁或心理扭曲，对青少年的健康成长影响很大。那青少年如果遇到家庭暴力和变故怎么办呢？

　　（1）幸福的家庭总是相似的，不幸的家庭各有各的不幸，面对家庭的不幸和变故，要勇敢地面对现实，相信自己，竖起生活的风帆，坚守信念，因为希望是苦难的唯一良方。

　　（2）如果遇到父母离异或家庭暴力，不要对父母产生怨恨心理，要尽量多地跟父母沟通，不能因为父母的过错而抹杀了父母的恩情，要学会宽容，多体谅父母的艰辛。

　　（3）多参加学校举行的各种活动，多与老师、同学沟通，决不能自暴自弃、破罐破摔，更不可以离家出走。

儿童如何面对不法侵害
ERTONGRUHEMIANDUIBUFAQINHAI

（1）害人之心不可有，防人之心不可无。

（2）头脑要冷静。不示弱，不屈服，讲究方法与策略，避免遭受人身伤害和财产损失。

（3）不以暴制暴，不以恶报恶。不蛮干，不胡来，尤其是不能纠集人员实施报复，防止由受害者变成害人者。

（4）及时报告老师和家长。对严重的不法侵害和多次滋扰应由老师或家长出面解决，不能轻信他人，防止上当受骗。

（5）必要时拿起法律武器，寻求法律帮助。对已经构成犯罪的不法侵害，要及时向公安机关报案，并保护好现场，协助破案。

女孩生活中要注意哪些防护

NVHAISHENGHUOZHONGYAOZHUYINAXIEFANGHU

（1）上学、放学或外出游玩，应结伴而行，不独自一人到河边、山坡、树林等偏僻处读书、写生。

（2）深夜不独自一人在偏僻小巷行走，不到营业性歌舞厅、网吧、录像厅、通宵电影院等潜在不安全因素的地方娱乐。

（3）在日常生活中，避免穿袒胸露背或超短裙之类的服饰去人群拥挤或僻静的地方。

（4）外出时，尤其是陌生的环境，要注意那些不怀好意的尾随者，必要时采取躲避措施。

（5）对于有性骚扰行为嫌疑的人，应及时回避，如果回避不了，应机智周旋，并设法保留证据，及时求助或报警。

女孩应该如何对待异性
NVHAIYINGGAIRUHEDUIDAIYIXING

（1）拒绝与陌生成年异性单独会面。不搭乘陌生成年异性的车辆。独自在家时，拒绝陌生成年异性进家。未经家长同意，不接受陌生成年异性的礼物。

（2）不单独与熟识的男孩相处过久。要衣着得体，不佩戴首饰，不化妆。

（3）不与熟识男孩谈论有关身体隐私部位的敏感话题，更不能在一起观看"少儿不宜"的黄色影片、光碟、书刊等。

（4）当遇到熟识男孩提出非分要求时，要理智地坚决拒绝，并尽快离开。

女孩遇到性骚扰怎么处理
NVHAIYUDAOXINGSAORAOZENMECHULI

（1）当你在公园、地铁、公交车等地发现有人骚扰你时，你可以采取躲避的方法。如果没有办法躲避时，不要害羞、害怕，应该勇敢地大声呵斥骚扰者，以引起周围人们的注意，从而保护自己。

（2）如果遇到电话或短信等骚扰，最好不要用激烈的言辞反唇相讥，因为这样可能会引起对方兴奋。应该用严肃地语气说，"你打错电话了"。

（3）尽量不要单独跟男同学、男老师去一些不安全的地方喝酒、唱歌、玩耍。如果遇到熟人的骚扰，请你不要碍于面子不好意思说，也不要惧怕他的威胁、恐吓，要及时地告诉家长或老师，帮助你制止他的骚扰行为，避免你继续受伤害。

青少年如何正确对待青春期的性健康和性困惑

QINGSHAONIANRUHEZHENGQUEDUIDAIQINGCHUNQIDEXINGJIANKANGHEXINGKUNHUO

　　青春期是由儿童成长为成人的过渡时期。青春期的青少年由于体内荷尔蒙的作用，自身形态和生理、心理方面都产生了一些变化，开始关注异性，对异性产生了好奇、幻想和爱慕。青春期的青少年对性健康增进了解，是非常重要的。

　　（1）认真接受学校的性健康教育，获取科学的性知识，正确认识自己的身体发育与生理特点，树立正确的性思想、性道德和人生价值观。

　　（2）正确对待性健康，既不谈性色变，也不将性问题庸俗化。注意青春期的生理卫生，科学地、客观地对待自己身体发生的变化。

　　（3）高度重视青春期的心理问题，培养健康的生活方式，自觉不上黄色网站，不读色情刊物，不看色情光盘，保护自己的身心健康。

早恋的负面影响有哪些
ZAOLIANDEFUMIANYINGXIANGYOUNAXIE

早恋往往收获的不是成熟的果实，也许是生涩的苦瓜

　　青少年处于生理发育期，对异性有着特殊的好感。对异性好奇，喜欢与异性交往是中学生非常普遍的心理。现在的中学生普遍存在着早恋现象，早恋也成了老师、家长和社会十分关注的问题，那么早恋对中学生的成长有什么负面影响呢？

　　（1）影响学习、生活和身体健康。由于青少年处于思想、性格不稳定阶段，一旦陷入感情的漩涡，就要投入大量的感情和精力，异性相互吸引，天天想念对方，造成无心学习、成绩下降。青少年缺乏责任感，容易见异思迁。一旦失恋，常常会痛不欲生、不吃不喝、无精打采，对身体健康造成损害。

　　（2）精神受损、影响心理健康和世界观。中学生的思想和人生观都未定型，容易发生变化而缺乏理智，一旦坠入爱河，容易受甜言蜜语的诱惑而依赖信任对方。恋爱中不可能不产生矛盾，由于上大学、工作问题等都不稳定，当神秘、激情、吸引慢慢退去，一方发生感情背叛时，失恋者就会产生精神痛苦、愤恨、难以承受，容易造成性格扭曲而影响心理健康。

　　（3）危及社会和家庭。青少年常常缺乏自制能力，容易感情冲动，因为偷吃禁果而造成怀孕、堕胎，因为争风吃醋而引起打架、伤害他人甚至杀人，对家庭和社会造成极大的危害。所以，青少年应拒绝早恋。

网恋的危害
WANGLIANDEWEIHAI

网络是虚幻的，而网恋的危害恰恰在于虚幻。在网络上注册人的姓名、年龄、性别、地址、电话号码等各种信息都有可能是虚假的。网络上的许多人都戴着面具，缺乏真诚，不负责任，没有道德约束，往往给网恋者带来精神、经济损失。网恋也易诱发犯罪，社会上一些不法分子利用网恋进行诈骗、绑架、抢劫、强奸、凶杀等违法犯罪活动，给网恋者带来了极大的伤害。网恋给青少年带来了诸多的负面影响，所以青少年千万要分清虚幻与现实的差别，切勿网恋。

如何面对"黄色"诱惑

RUHEMIANDUIHUANGSEYOUHUO

（1）对色情娱乐场所、影视作品及报刊书籍，应保持距离，避免"中毒"。

（2）以健康的心理和眼光去对待性。以健康的审美观看待两性美。对艺术性的裸体作品自然要用艺术的眼光看待。"浮想联翩"、"产生邪念"，只能是对艺术的亵渎。

（3）积极进取，把兴趣转移到努力学习上。要时刻提醒自己：一寸光阴一寸金，"荒废"青春难追寻。

（4）多与师长交流，进行心理咨询，通过正当途径了解性知识，培养健康的性心理，控制不健康的心理和欲望。

【案例】小强的妈妈出国，爸爸工作又繁忙，就把小强托付给邻居阿姨看管。小强放学早，从放学到阿姨回家这段时间，小强经常在录像厅里看黄色录像，时间长了，就想尝试一下录像中的行为，结果最后因强奸罪而被判刑。

未成年人为什么不能去网吧和长时间上网
WEICHENGNIANRENWEISHENMEBUNENGQUWANGBAHECHANGSHIJIANSHANGWANG

（1）由于未成年人自控能力较差，容易沉迷于网络游戏、网上聊天，甚至浏览一些不健康的网站等，导致网络成瘾综合征，容易出现性格极端化、情绪不稳、低落、疏远亲戚朋友、身体健康状况下降等一系列的问题，而且往往会因为浏览不健康的网页而慢慢误入歧途。

（2）长时间的上网容易造成头晕、头痛、大脑缺氧、精神萎靡。眼肌因长期处于紧张状态，容易造成眼花、近视。久坐电脑前还会接受过多的辐射，对正处于生长发育阶段的未成年人尤其不利。

（3）长时间的上网容易使人沉溺于幻想中。在现实生活中与他人交往时，容易产生距离感而不能进行正常的沟通与交流，时间久了，容易造成性格孤僻。长时间的上网，会占用大量宝贵的时间，必然也会影响学习。

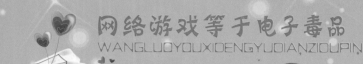

网络游戏等于电子毒品
WANGLUOYOUXIDENGYUDIANZIDUPIN

现在的网络游戏种类繁多，商家在设计游戏时充分考虑了游戏的视觉性、连续性、刺激性、上瘾性，使玩游戏者往往不由自主地沉迷于网络游戏当中。有些游戏商家还设计了游戏陷阱，使玩游戏者一点一点在不知不觉中加大游戏资金的投入，给沉迷游戏者造成了一定的经济负担。

网络、电脑只是学习知识、开阔视野、了解世界的一种工具，一些智力、休闲小游戏，可以作为娱乐、放松心情的一种方式，但不可沉迷于其中。

青少年要转移兴趣，克服好奇心，学会拒绝"网友邀请"，战胜孤独，走出虚幻世界，通过参加集体有益活动和体育锻炼，全面体验生活和快乐人生。

【案例】17岁的小刚两年前迷上了上网，无心上学，初中没有毕业就辍学在家。为了筹钱到网吧上网，就偷爷爷、奶奶的钱。有一次偷钱时被发现，他就举起菜刀砍死了最疼他的爷爷、奶奶。这个案例告诉我们要时刻警惕电子毒品对青少年的危害。

切勿向网友泄露私人信息
QIEWUXIANGWANGYOUXIELOUSIRENXINXI

　　青少年网聊，作为青少年人际沟通交流的一种方式，可以起到释放情绪、调整身心压力等作用。但青少年在网聊时要有自护意识和网络安全意识，切勿毫无保留地将自己的信息暴露给不熟悉的网友。

　　【案例】14岁的小丽因父母工作繁忙，缺乏陪护，闲暇时经常上网与网友聊天，闲聊中逐渐透露了自己的家庭信息，一天，父母接到了一个陌生的电话，声称他们的女儿被绑架，需要拿出赎金来赎小丽，父母急忙咨询学校，学校说小丽已离校回家，邻居朋友也说没有见到小丽，父母慌忙去公安机关报案。案件侦破后，查出是小丽在与网友聊天中泄露了家里和个人的详细信息。致使了此次绑架的事件发生。

拒绝毒品，珍爱生命
JUJUEDUPIN ZHENAISHENGMING

毒品一般是指能使人形成瘾癖的药物，通常分为麻醉药物和精神药物两大类。目前我国常见的毒品有鸦片、海洛因、冰毒、吗啡、大麻和可卡因6种。吸食毒品，会使人的身体和精神产生严重的依赖性，对身体危害极大。而毒品犯罪，对社会、家庭造成了很大的危害。中小学生远离毒品应该做到哪些呢？

（1）贩毒人员往往利用青少年的好奇心，免费提供毒品供青少年吸食，一旦青少年吸食上瘾后，毒贩就会露出真面目逼迫吸食者掏钱购买。青少年如果没钱购买，而上瘾离不开毒品，就会走向偷盗、抢劫、卖淫等违法犯罪活动。所以，不要因为好奇而吸食毒品。

（2）交朋友一定要慎重，不要随便结交社会上不三不四的人，要坚决远离吸毒人员和毒贩，也不要去一些毒品泛滥的娱乐场所。

（3）多学习了解毒品的危害，通过一些吸食者违法犯罪的案例，提高自己抵制诱惑和识别的能力，避免上当受骗吸食毒品。

（4）树立自己的人生观、道德观、价值观，珍爱自己的身体和生命，拒绝毒品。如果遇到有人诱惑或威胁你贩卖、吸食毒品，应及时向老师、家长或公安机关报告。

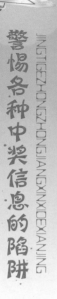

警惕各种中奖信息的陷阱

JINGTIGEZHONGJIANGXINXIDEXIANJING

当前，各种信息陷阱层出不穷，骗子的招数不断地变化、升级，让人防不胜防。如果你收到此类信息，不要理会，更不要轻信花言巧语，把自己置身于陷阱当中。要牢记，幸福不会从天降，要想收获先要耕耘。

（1）要坚定信念，相信自己的智慧。应理性对待网络中的中奖信息，做到不轻信、不盲从、不汇款。

（2）不要贪心，要知道天上不会掉馅饼。贪婪是人最大的缺点。常言道，贪小便宜吃大亏。学生收到中奖信息后，要仔细分辨真假或告诉老师、家长帮助分析，不要轻易上当受骗而追悔莫及。任何需先支付手续费、公证费、邮寄费才能兑奖的"中奖"信息均不可信。

（3）一旦发现上当受骗，要立刻报告公安机关，以便及时破案，把损失降到最低程度。

手机微信摇来的伤害
SHOUJIWEIXINYAOLAIDESHANGHAI

"微信"是一款可用网络即时发送语音、图片、视频和文字并支持多人群聊的手机软件。"微信"为陌生人提供了一个认识、交流的平台，"微信"的GPS定位功能让用户可以查找附近的人，用户可进行、文字、照片、语音交流，它使人与人之间的距离更近，互动更方便，但同时也给部分用户，特别是女性用户带来了困扰，甚至危险。利用"微信"抢劫、强奸、诈骗时有发生。

（1）利用"微信"诈骗：2012年10月20日晚，犯罪嫌疑人蒋某通过手机"微信"认识受害人王某，两人约好在某咖啡馆见面。见面后蒋某以手机没电为由向王某借手机打电话，蒋某借到手机后装着打电话，趁王某不注意溜走。

（2）利用"微信"实施抢劫、强奸：2011年8月，犯罪嫌疑人李某通过手机"微信"认识了女学生赵某，李某以吃饭、看电影、散步为由将赵某骗至某公园进行了抢劫并实施了强奸。

（3）"微信"作为一种新型的犯罪工具，为不法分子的犯罪创造了机会。青少年接到陌生人的"微信"邀请时，一定要提高警惕，如果遇到不法侵害，要及时报警。

遇到威胁、勒索怎么处理

YUDAOWEIXIE LESUOZENMECHULI

现在社会上的一些不良青少年经常会在学校周边、网吧等地拦截、威胁、敲诈中小学生。如果中小学生遇到威胁、敲诈应该如何处理呢?

（1）如果在学校门口或学校内遇到高年级的同学威胁、敲诈，可采取迂回策略，巧妙应对。如借口身上没有带钱，明天补交等，安全脱险，避免受伤害，然后报告学校、老师或家长处理。

（2）如果在校外公共场所遇到威胁、敲诈，千万不要逞强，记住威胁或敲诈人的年龄、长相特征，脱身后立刻报警。

（3）遇到威胁、敲诈这种事情，一定不要回避，要在老师、家长或警察的帮助下解决问题。

被坏人跟踪或劫持怎么处理

BEIHUAIRENGENZONGHUOJIECHIZENMECHULI

（1）如果发现有心怀不轨的人跟踪你，首先不要害怕，可以尽快到繁华热闹的商场、街道等地方想办法摆脱尾随者，还可以就近进入居民区，求得帮助。

（2）生活中平时要多观察周边的机关单位、治安岗亭的位置，在情况紧急时，可以在这些地方得到帮助。

（3）如果被坏人劫持，为了避免被伤害，不要大喊大叫，也不要有过激的反抗。首先要保持镇定，克服畏惧、恐慌心理，要尽量先满足劫持者的要求，使不法分子放松警惕，再寻找机会逃脱或等待营救。

（4）要尽可能地记住劫持者的长相特征、口音、衣着等，以便逃脱后向警方提供线索。

模仿绑匪残害同学被判刑
MOFANGBANGFEICANHAITONGXUEBEIPANXING

被告人杨某16岁，单某15岁，系某中学的初三学生。两人平时厌恶学习，终日在网吧中度过，当他们从影视剧中看到绑匪绑架人质轻易得到巨款后，就也想采用这种手段发财。1999年12月3日，杨、单两人将同班同学邹某骗到学校附近的一条胡同里，用匕首威胁，向邹某勒索5万元钱。邹某不从，两人便用匕首轮番向邹某狠刺，致使邹某流血过多死亡。两人为勒索钱财绑架并杀死同班同学，已构成故意杀人罪。2000年1月杨某被判处无期徒刑，剥夺政治权利终身，而单某也被判处有期徒刑15年。青春的花蕾还没来得及绽放，就被自己的无知所断送。

与同学发生矛盾怎么处理
YUTONGXUEFASHENGMAODOUNZENMECHULI

（1）与同学发生矛盾时，要冷静理智，不要冲动。要多站在对方的位置思考，多想想同学平时的好处。

（2）要学会道歉，道歉能减轻心里的不安，道歉也是一种高尚美德。要心平气和地找他谈话，解开误会、矛盾。也可以求助老师或家长，帮助解决。

（3）千万不可针锋相对或赌气不睬，那样会把矛盾激化，更不要发生争吵或打架斗殴的不理智行为。

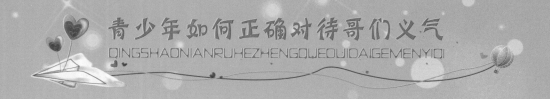

青少年如何正确对待哥们义气

QINGSHAONIANRUHEZHENGQUEDUIDAIGEMENYIQI

现在许多中小学生在电影、电视和录像里看到一些"警匪片"、"黑帮影片"或黑道小说的故事情节后，认为"哥们义气"就是兄弟感情深厚，可以为哥们两肋插刀。其实这种"不讲是非"、"只讲义气"的行为是严重错误的，只能害人害己。

2009年8月23日中午，在内蒙古通辽市的一所中学里，高三学生小蒙与高一学生小海因为打饭的一些小事发生摩擦，两人相互不服气。饭后，两人怒气冲冲地各自找来哥们，相约在学校操场。双方一见面，小蒙和小海就吵了起来，并且动手厮打。为了帮哥们出气，双方其他成员纷纷动手，在厮打中，小蒙的哥们小飞用砖头把小海打成重伤。经审理，内蒙古开鲁县人民法院以故意伤害罪判处小飞有期徒刑3年，缓刑4年，小飞及其他参加斗殴的几名同学共同赔偿小海10万多元。

青少年应该正确认识到以"哥们义气"为交友之道，不仅不利于自己的发展，也容易走向犯罪。要明辨善恶，分清是非，要懂得什么才是真正的友谊。当朋友做出违反法律和道德的行为时，要及时指出，并给其提供正确的建议。

朋友邀请你干坏事应该怎么办
PENGYOUYAOQINGNIGANHUAISHIYINGGAIZENMEBAN

（1）慎交友，交益友。"近朱者赤，近墨者黑"。正直热心的朋友，会使你终身受益。相反，交友不慎，只能给自己惹麻烦，甚至被拉入泥潭。

（2）朋友和友谊是精神的享受、心灵的沟通、美德的结合。真诚的朋友，绝对不会向你发出不法活动的邀请。

（3）要友情，不要哥们义气。不能只讲义气，不讲原则，"为朋友两肋插刀"的结果往往是既害社会，又害自己。

（4）分清是非善恶。对朋友提出的邀请活动一要看是否违反法律，二要看是否有悖道德。分不清的要向老师和家长请教。

（5）要敢于对不法活动的邀请者说"不"。不要怕丢"面子"，不要怕得罪人，并且主动向学校和司法机关举报不法活动。

老师体罚学生是校园暴力吗
LAOSHITIFAXUESHENGSHIXIAOYUANBAOLIMA

老师体罚学生通常发生在课堂内和在对学生进行思想教育过程中。体罚学生的起因，一般包括两个方面：一是学生淘气、违纪，容易引起老师的"惩戒立威"；二是学生没有完成老师规定的学习任务，也容易导致老师采取包括体罚在内的高压政策让学生学习。那老师体罚学生正确吗？

我国《义务教育法》第十六条、《教师法》第三十七条、《未成年人保护法》第十五条都明文禁止体罚和变相体罚学生。其中《教师法》规定，体罚学生，经教育不改的，由其所在学校或教育行政部门给予行政处分或者解聘；情节严重，构成犯罪的，依法追究刑事责任。

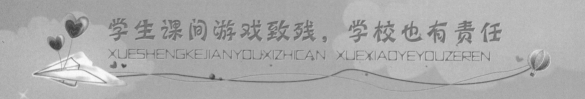

学生课间游戏致残，学校也有责任

XUESHENGKEJIANYOUXIZHICAN XUEXIAOYEYOUZEREN

　　龙岩县小学四年级学生何某，在课间休息时与同班学生钟某戏耍，在打闹中，何某用铅笔掷中钟某右眼，致使钟某眼球挫伤，右眼视力仅有光感。经鉴定，钟某为8级伤残。钟某家长向龙岩县人民法院提起诉讼。钟某在医院治疗时，要求该校赔偿部分医疗费用，该校辩称：课间休息时间不属于学校职责管理范围，不应当对钟某的伤害承担民事责任。

　　龙岩县人民法院裁定：根据最高人民法院《关于贯彻执行〈中华人民共和国民法通则〉若干问题的意见（试行）》第一百六十条规定，课间休息时间属于在校学生生活学习时间，学校对学生仍应承担教育管理保护义务，因此学校应对钟某的伤害负责。

（1）在人多拥挤的地方，如教学楼、电影院、体育馆等，一定不要拥挤，最好单独呆在人少的地方等待。如果你不幸陷入拥挤的人群中，一定要保持冷静，不要喊叫、哭闹或推打他人，而要寻找人少安全的地方，也可抱住坚固的物体，以防被涌动的人群冲倒。

（2）如果你被裹在人群中无法脱险，你要将双手弯曲放在胸前，双肘和双臂用力为自己胸前撑出一点空间，稳住重心，保持呼吸顺畅，小步紧随人流移动，不要逆人流行走，不要系鞋带或捡掉在地上的东西，要尽量保持身体的平衡不使自己摔倒，以免被冲来的人流踩踏受伤。

（3）如果你的身体失去控制而摔倒，不能起来，应尽快身体卷曲、双膝并拢贴在胸前，十指交叉扣颈、双臂护头，尽可能地保护自己的头部和胸部等重要部位，以免受损。

遇到拥挤踩踏的事情怎么自救

YUDAOYONGJICAITADESHIQINGZENMEZIJIU

楼梯和楼道拐角酿惨案
LOUTIHELOUDAOGUAIJIAONIANGCANAN

（1）2000年11月9日，河南省许昌某初中一、二年级学生下晚自习时，由于天气寒冷，学生急于回宿舍，在教学楼一、二层楼梯拐弯处大量拥挤，混乱中一些学生摔倒，众多学生挤压踩踏，造成5人死亡，11人受伤。

（2）2000年11月13日，山东省平邑某初中一年级学生下晚自习时，因楼梯间电灯不亮，个别学生跌倒后导致学生大量挤压，造成5人死亡，32人受伤。

（3）2000年11月15日，天色已晚，陕西省长安县某镇中心小学放学后，急于回家的孩子涌出教室，由于拥挤，加之楼道狭窄，又停电，导致9名学生被踩伤，1名学生死亡。

（4）2003年12月11日，河北省成安县某中学学生在下晚自习时，因学生人数多，教学楼通道少，楼梯窄，发生踩踏事件，造成5名学生死亡，14名学生受伤。

未成年人怎么面对物质诱惑、拒绝攀比
WEICHENGNIANRENZENMEMIANDUIWUZHIYOUHUO JUJUEPANBI

随着国家经济的飞速发展，人们的物质生活也日益丰富，同时，各种诱惑也困扰着青少年的健康成长，分散了青少年的注意力和精力，使学生无心学习，成绩下滑，严重影响青少年的身心健康。那么青少年应该如何增加自身修养，抵制各种诱惑呢？

（1）"鱼不忍饥钩上死，鸟因贪食网中亡"。金钱利欲、物质享受都是美丽的"陷阱"，千万别让物质享受诱惑自己。

（2）树立远大理想。不要与同学们比吃穿、比享受、比富有，要比学习、比进步、比成绩、比贡献。

（3）金钱不是坏东西，但要取之有道，非己莫取。公私财产不可侵犯，不能把自己的物质享受建立在别人的痛苦上。

（4）远离物质炫耀，不自卑，不羡慕，不仇视，不嫉妒物质条件好的人。

（5）不追求一时享乐，不能因贪图享受或满足虚荣心而违法犯罪。

> 我们没有权利享受财富而不创造财富，也没有权利享受幸福而不创造幸福——（爱尔兰）萧伯纳

未成年人产生逆反心理怎么办
WEICHENGNIANRENCHANSHENGNIFANXINLIZENMEBAN

（1）宽容并非成年人的专利。宽容和谦虚是人生处世的两大法宝，一定要承认，大人们的处世经验要比自己的丰富。谦受益，满招损。逆反心理不利于自己的成长和进步，只能使自己脱离集体，成为"孤家寡人"。

（2）应当理解父母和老师的严格要求都是善意的。即使方法不当，也要懂得宽容。良好的人际关系，是你今后事业成功的基石。

（3）善于运用自我疏导的方法排解不良心理。运用换位思考法，理解他人心情；用自我激励法，振奋自己精神。记住：风物长宜放眼量，牢骚太盛反断肠。

（4）学会交流。青少年应多与同学、师长、朋友交流，多参加集体活动，学会正确宣泄不良情绪，拒绝听信不良青年的教唆与引诱，更不能用暴力手段对抗家庭、学校和社会。

未成年人容易嫉妒别人怎么办

WEICHENGNIANRENRONGYIJIDUBIERENZENMEBAN

（1）嫉妒可以成为催人奋进的动力，也会成为引燃灾难的导火索，关键是如何把握自己。

（2）宽阔的胸怀能使你大度待人，当你为同学取得的成绩衷心喝彩时，你也将赢得更多人对你的喝彩。

（3）化嫉妒为自我奋进的动力，正确认识别人的优势和成绩，把对手看成自己的目标，挑战自我，相信自己：我能超过他。

（4）守住法律和道德底线。不能用不正当甚至违法的手段诋毁、伤害对方，危害社会。嫉妒到了"眼红"的时候，就是到了极限的时候，由嫉妒到报复，往往就是违法犯罪的轨迹。

嫉妒别人是烦恼，对自己是折磨——（英国）海军上将佩恩

未成年人有了虚荣心怎么办
WEICHENGNIANRENYOULEXURONGXINZENMEBAN

（1）晚年的曾国藩说过这样一句话：无贪无竞，省事清心，一介不苟，鬼伏神钦。面对名利，保持清淡之心、常人之心，能使你淡化欲望，以心养身。

（2）越有知识和本领，就越不会虚荣。

（3）有自知之明，承认自己的长处和短处，接受自己的实际状况和现实中的社会地位，不让"人言"左右自己的情绪和行动。

（4）虚荣不算犯罪，但却是犯罪之祸根。虚荣不算堕落，但也是堕落之开端。贪图虚荣而冒险最不值得。尤其不能用非法手段伤害他人、危害社会来满足自己的欲望。

> 孔雀开屏只是为了接受人们的喝彩，因为它不会像黄牛一样耕地——（法）帕格森

为什么学生不能炫富
WEISHENMEXUESHENGBUNENGXUANFU

有些学生由于虚荣、怕别人瞧不起自己或其他心理，有时故意谈论父母挣多少钱、家里房子有多大、汽车如何高档，更经常炫耀自己的高档服装、时尚手机、手表、背包等。这些炫富的意识和表现可能会引起一些不法之徒的关注，给自己的财产以及人身安全带来隐患。

【案例】杭州13岁初中学生小涛，在放学回家的路上被两个骑摩托车的青年男子绑架。绑匪用小涛的手机向其父母勒索赎金。绑匪为什么要绑架小涛呢？原来小涛经常偷偷到网吧上网，每次都是掏出百元大钞结账，因为炫富而被歹徒盯上。

这个案例告诉我们，不要过于追求物质生活方面的享受，不要养成挥霍钱财的坏习惯，更不要随意炫富，避免对自己造成不必要的伤害。

第二章　交通安全预防

当前，交通问题引发的各类重大事故已经被公认为"世界第一公害"。据有关资料统计，我国每年因交通事故死亡的人数已超过10万人，占全球交通事故死亡人数的15%，居世界首位。全世界平均每天都有3000人死于道路交通事故。所以，普及交通法规，预防交通事故的发生是刻不容缓的。

遵守交通法规，认识交通标识
ZUNSHOUJIAOTONGFAGUI　RENSHIJIAOTONGBIAOSHI

十字交叉　　T形交叉　　T形交叉　　T形交叉　　Y形交叉　　环形交叉

向左急转弯　向右急转弯　反向弯路　　双向交通　　慢　行　　注意危险

注意行人　　注意儿童　　注意牲畜　　注意信号灯　　(a)　注意落石　(b)

行人出现交通事故怎么处理
XINGRENCHUXIANJIAOTONGSHIGUZENMECHULI

严格遵守交通规则，靠右行走，红灯停，绿灯行。横过马路时要注意过往车辆，不抢红灯，不与机动车辆争道抢行，走人行横道或过街天桥、地下通道。如果行人遇到了交通事故，应该立即拨打122报警，发现有人受伤较重时，要及时拨打120呼叫急救中心抢救伤员。

在发生交通事故后，一定要记住肇事车辆的颜色、车牌号和车型，预防肇事车辆逃逸，要保护事故现场等待交警来处理。

乘坐客车遇到交通事故怎么自救
CHENGZUOKECHEYUDAOJIAOTONGSHIGUZENMEZIJIU

乘坐客车发生交通事故时，一定要先听从司机和售票员的指挥，不要拥挤慌乱。如果车辆发生了侧翻或起火，不要顾及行李物品，而要迅速逃离客车；如果车门无法打开，应该果断打碎车窗玻璃，跳出车窗逃生。

逃离客车后要先检查自己是否受伤，如果受伤一定要简单包扎处理，要与事故车辆保持一定的距离，防止车辆发生火灾后油箱爆炸伤及生命。

中小学生骑自行车要注意哪些事项
ZHONGXIAOXUESHENGQIZIXINGCHEYAOZHUYINAXIESHIXIANG

（1）学生骑自行车外出时速度不宜过快，也不要与同伴比赛速度，要双手握住自行车把，不要撒手骑车。遇到路口红灯时，要遵守交通规则，不要争抢。横过马路时要左右观察，等过往车辆稀少时再通过。

（2）放学时，学校门口车辆拥挤，应骑车迅速离开，不要与同学勾肩搭背并成横排骑车，更不要在骑车时与同学说话、打闹。

（3）如果路上车辆拥挤或堵塞，应下车等待或推着走，不要骑车在车辆中穿行。

（4）如果遇到紧急情况，应马上刹车停靠路边或下车躲避。如果因意外摔倒，要及时抛弃自行车，保护头部，侧摔或打滚到安全的地方。

未成年人如何安全乘坐地铁
WEICHENGNIANRENRUHEANQUANCHENGZUODITIE

随着城市的快速发展，很多城市中地铁成了人们日常出行的主要交通工具，那么未成年人如何安全地乘坐地铁呢？

（1）未成年人乘坐地铁首先要有大人陪同，乘坐时尽量避免高峰期。出入站及上下车时要先下后上，不要在站、车内追逐打闹，更不能触动行车设备。

（2）严禁携带易燃易爆物品上车，更不要跳下站台或翻越护栏进入线路内。在站台候车时，须站在黄色安全线以内，以免发生危险。

（3）上车后，尽量站在车头或车尾，不要在车门口或车的中部跟人挤，避免上下车人流多时因你的身高被人忽视而挤倒。如果被挤倒，一定要大声喊叫，让别人意识到你被挤倒了，这样才能更好地保护自己。

被困电梯里怎么自救
BEIKUNDIANTILIZENMEZIJIU

（1）当你一个人乘坐电梯时，如果电梯突然发生故障，不要惊慌，应稍等一会儿重新选择关、开门键，再选择你要去的楼层。如果电梯仍然不动，马上按下红色按键求救，也可以一边拍门一边大声呼救，你还可以拨打119请求消防队员帮助解救。

（2）如果电梯发生坠落或者快速下滑，你不要惊慌，应该迅速地将每一层的键都按下，启动紧急电源，电梯就可以马上停止坠落。

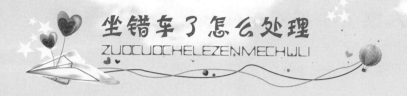

坐错车了怎么处理
ZUOCUOCHELEZENMECHULI

（1）如果发现坐错车，先不要着急，应立即下车，下车后到马路对面乘坐同一路相反方向的车原路返回，尽量不要换乘其他车辆返回，以免迷路。

（2）如果不能确定返回乘车路线或不知道乘几路车，你可询问公交司机或售票员，也可求助附近的警察，千万拒绝陌生人主动要求对你的帮助。

（3）如果你急于到达目的地，你可以打的前往，路上通过的士司机联系你的家人、朋友，到目的地后可以通过他们付的士费用。

未成年人乘坐手扶电梯应该注意哪些事项
WEICHENGNIANRENCHENGZUOSHOUFUDIANTIYINGGAIZHUYINAXIESHIXIANG

　　手扶电梯是商场、超市、火车站、机场等地一种常见的方便行人上下的工具。现在很多未成年人把它当作了游乐场，在电梯上打闹、攀爬玩耍，往往一不小心造成夹伤手指、骨折等。那儿童乘坐手扶电梯应该注意哪些事项呢？

　　（1）儿童乘坐手扶电梯时首先要有大人陪同。如果大人不在身边，乘坐时上电梯要稳，要扶好扶手，面向前方。不要将身体靠在扶手上，更不要手扶电梯逆行、攀爬、玩耍或蹲坐在梯级踏板上。

　　（2）乘坐手扶电梯前要把鞋带系好，检查一下衣裙，避免在电梯运行时挂拽到衣服。不要把头手伸出到扶梯两侧，以免碰到电梯旁边的建筑物。

　　（3）下电梯时不要在电梯口长时间停留，避免人员拥堵在电梯口。要注意脚下的梳齿板，不要让鞋带、裙角、裤角等卡在梳齿板上，以免造成伤害。

对不起，请让一让！

铁道上玩耍隐患多
TIEDAOSHANGWANSHUAYINHUANDUO

随着我国高速铁路、动车的运行，列车运行速度不断加快。未成年人在铁道线上玩耍，很容易造成铁路安全事故。未成年人如何防范铁路事故的发生呢？

（1）严禁未成年人在铁路线上戏耍打闹、骑自行车、玩手机、拍照。列车停靠站时，不要钻车、爬车。

（2）未成年人在过铁道口时，首先要注意铁道路口的标志，有人看守的铁道路口，要听从看守人员的指挥，不要钻栏或跨栏强行通过。通过时要注意周围的车辆，不要争抢通过。

（3）通过无人看守的铁道口时，要注意观察，没有列车时再通过。千万不要看到列车开过来时，加快速度强行通过，这样往往造成可怕的后果。

怎么预防晕车
ZENMEYUFANGYUNCHE

（1）乘车前不要吃太饱，以免引起晕车。容易晕车的人在乘车前可服用预防晕车的药。如果晕车症状不严重，可以在太阳穴上抹点清凉油缓解不适。

（2）发现自己乘车头晕时，要打开车窗保持车内空气流通。不要看车窗外面掠过的风景，这样可以减少视觉上的眩晕。要尽量往远处看或闭目养神，如果恶心想吐，就多做几次深呼吸。

（3）如果是自己家或单位的车辆，可以告诉司机晕车情况。到不妨碍交通的道路旁、加油站等地，休息后再乘车。在民间，也有人用生姜片贴在肚脐眼上来防止晕车。

第三章 自然灾害预防

> 自然灾害是人类生存的自然界中所发生的一种自然现象，自然灾害对人类社会造成的危害往往是触目惊心的。因此，了解常见自然灾害的一些安全防护知识是必不可少的。

地震中的避险自救
DIZHENZHONGDEBIXIANZIJIU

地震一般是指地壳中因岩体断裂而释放能量引起的震动，是一种自然现象。全球每年约发生地震500万次，其中人们能感觉到的地震5万次，能造成一定破坏的5级以上的地震约1000次，造成巨大灾害的7级以上的地震约10次。近年来我国地震也频频发生，造成了巨大的人员伤亡、财产和经济损失。

目前地震是人类无法避免和控制的。强大的地震会引起房屋倒塌，从地震的发生到建筑物的倒塌，一般有12秒左右黄金逃生时间，只要掌握一些逃生技巧，就可以有效降低或避免地震造成的伤害。

在户外遇到地震，不要慌乱，应该尽量避开高大的建筑物、高压线、立交桥、广告牌等危险处，迅速到附近人少空旷的地方蹲下或趴下，同时要注意保护好头部。

野外遇到地震，应避开山脚、陡崖，向两边跑，以防山崩、滑坡。

海边、河边遇到地震，应该迅速远离水边，震后应向高处跑，警惕震后引发的海啸。

在平房内遇到地震，如果室外有空旷地，应迅速去室外空旷地。来不及逃离时，可躲在室内坚固的家具边上或者家具下面，如墙根、床下等，并用衣物或毛巾捂住口鼻，防烟尘。

楼房内遇到地震，应该远离外墙、门窗和凉台，要尽量躲在坚固的家具、墙角等处，最好是室内的卫生间，这里面积小，承载力强，还有水源。不要使用电梯，更不能跳楼，最好也不要躲进厨房，因为地震可能会引起煤气泄漏。

如果在学校遇到地震，学生应该在教师的指挥下用书包护头，躲在各自的课桌下。在操场或室外遇到地震，不要回教室，应避开高大建筑物和危险物，双手护头，原地趴下或蹲下。

如果在商场、书店、地铁等公共场所遇到地震，不要慌乱地拥挤，避免踩踏，应选择结实的柜台或柱子边及内墙脚和没有障碍的通道躲避或护头蹲下，等震后有组织地快速撤离。

暴雨洪水中的避险自救

BAOYUHONGSHUIZHONGDEBIXIANZIJIU

当降雨量每小时超过15毫米，或者当日降雨量超过130毫米时，就叫作暴雨。连续暴雨和特大暴雨就是形成洪水的主要原因。

如果出现连续不断的大雨、暴雨，应该多关注当地的天气预报，提高警惕，应注意家中的食品、药品、首饰、票据等贵重物品作防水捆扎，便于随身携带。

洪水到来时要就近迅速向山坡、高地、楼房或屋顶暂避，也可抓住木盆、木板等有浮力的物品。情况紧急时，首先要逃离，不要恋财。

逃生前保护好通信设备，如手机、手电筒、颜色鲜艳的衣物，以便紧急情况下发出求救信号。

如果已被卷入洪水中，一定要尽可能地抓住固定物或能飘浮的东西，寻找机会逃生。

山体滑坡、泥石流中的避险自救
SHANTIHUAPO NISHILIUZHONGOEBIXIANZIJIU

山体滑坡、泥石流常常具有发生突然，来势迅速、凶猛，冲击力强，过程短暂等特点，并兼有崩塌、滑坡和洪水破坏的双重作用，其危害程度比单一的崩塌、滑坡和洪水更为严重。

山区中发生长时间的降雨或暴雨，就应该警惕山体滑坡、泥石流的发生。山体滑坡、泥石流发生前，滑坡前缘土体突然强烈上拱膨胀、出现局部滑塌，山坡或深谷会传来土石崩落、洪水咆哮等异常声音，深谷深处突然变得昏暗，并有微微的震动感，河流突然断流或突然加大，这些都有可能是将发生山体滑坡、泥石流的征兆。

发现山体滑坡、泥石流来袭时，要马上向沟谷两岸高处跑，同时还要注意从高处滚落的山石，千万不要顺沟方向向上游或下游跑。在逃生中，要尽量选择坡度比较缓的山坡快速奔跑，不要选择徒峭的山坡攀爬，更不能攀爬到大树上躲避，因为山体滑坡、泥石流威力很大，会把大树连根拔起。

山体滑坡、泥石流到来速度很快，所以在逃生时，一定要果断抛弃一切影响奔跑速度的物品，快速躲避到安全地点。滑坡、泥石流大多发生在雨季，特别是夜晚由于光线不足造成的危险会更大。暴雨期间，夜晚不要在高危险区内留宿。

火灾的危害是直接造成人员伤亡或财产损失。主要危害因素有四种：高温、缺氧、毒气、烟尘。

火灾发生时，要冷静，不要惊慌，在拨打119的同时，要采取必要措施灭火自救。首先将身上衣服打湿，或用湿棉被裹住身体，用湿毛巾等物掩住口鼻，冷静并迅速寻找逃生出口。如果不知道出口在哪里，可以暂时躲避在火势难以蔓延的卫生间、阳台等地方，紧闭朝烟火方向的门窗，并用打湿的衣物塞堵缝隙，并发出抢救信号或大声呼叫，等待救援。

发现家电起火，千万不可用水浇，一定要先切断电源，再用棉被等将其盖灭。灭火时，人要从侧面靠近电器，以防电器爆炸。

发现油锅起火，应迅速关闭炉灶燃气阀门，直接盖上锅盖或用湿抹布覆盖，也可以向锅内放入切好的蔬菜冷却灭火，将锅平稳端离炉火，冷却后才能打开锅盖，千万不要向油锅倒水灭火。

发现燃气泄漏失火，应迅速关闭阀门并打开门窗，用湿被褥盖住燃气瓶，并用湿毛巾捂住口鼻。千万不要在现场打电话、打手机，也不要用水灭火。

当自己身上着火时，应尽快用水浇灭或立即倒在地上打滚将火扑灭。如果身上有小面积烧伤，可用干净凉水冲洗或干净湿毛巾包敷，以防感染。严重烧伤时，应在医务人员的帮助下就地治疗或拨打120等专业救援。

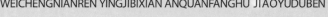

雪灾中的避险自救
XUEZAIZHONGDEBIXIANZIJIU

　　雪灾也称白灾，是由降雪造成大范围积雪形成灾害的自然现象，是我国的主要气象灾害。

　　雪灾期间，尽量不要外出，应注意防寒保暖。如果外出要扎紧衣服领口、袖口、裤口，放下耳帽，戴好手套，以免发生冻伤。

　　如果发现冻伤，不能直接用热水泡、烫，那样对血液循环反而不好，可以先用雪去搓，搓至皮肤发红、发热，再开始保暖比较好。

　　雪灾时，容易发生摔倒跌伤，低年级学生要穿防滑鞋，应在摩擦力较大的地方玩耍，以免发生摔伤。一旦跌伤，用毛巾冰敷。如果发生骨折，要尽快送往医院，在送往医院过程中，可用木板、厚的书本、雨伞等做支具，把上下两个关节固定住。

台风中的避险自救
TAIFENGZHONGDEBIXIANZIJIU

台风是我国沿海地区，特别是广东、福建、江苏、上海、浙江等地经常出现的一种灾难，它具有突发性强、破坏力大的特点，是世界上最严重的自然灾害之一。

台风期间，尽量不要外出行走，如果必须外出，一定要穿上轻便防水的鞋子和鲜艳紧身的衣服，把衣服扣扣好或用带子扎紧，以减少受风面积。行走时应一步一步慢慢走稳，顺风时绝对不能跑，否则就会停不下来，甚至有被刮走的危险；要尽可能抓住柱子、栏杆或其他固定物行走。

在建筑物密集的街道行走时，要特别注意坠落物或飞来物，以免砸伤。经过狭窄的桥或高处时，最好俯身爬行，否则很容易被刮倒或落水。

如果台风期间夹着暴雨，行走时要注意路上积水，儿童切不可在水中行走，应用盆或桶之类东西载着儿童，以防事故发生。

海啸中的避险自救
HAIXIAOZHONGDEBIXIANZIJIU

海啸是一种具有强大破坏力的海水剧烈运动，海底地震、火山爆发、水下坍塌和滑坡都可能引起海啸。

海啸发生的最早信号是地面强烈震动，地震是海啸的前奏，如果感觉到地面有较强的震动，就不要靠近海边、江河的入口。如果发现潮汐突然反常涨落，海平面显著下降或者有巨浪袭来，并且有大量的水泡冒出，应快速撤离岸边。

海啸到来前海水会异常快速退去，往往会把鱼虾等许多海洋生物留在浅滩，场面壮观，此时千万不要前去捡鱼或看热闹，应该迅速离开海岸，向内陆高处转移。

发生海啸时，航行在海上的船只不可以回港或靠岸，应该马上开向深海区，因为海啸在海港中造成的落差非常危险。船主应该在海啸到来前把船开到深海或开阔的海面，如果没有时间开出海港，所有人都要迅速撤离船只。

冰雹中的避险自救
BINGBAOZHONGDEBIXIANZIJIU

冰雹是从强烈发生的积雨云中降落到地面的固体降水物，小若豆粒，大若鸡蛋、拳头，常伴随雷电大风天气而发生，突发性强。

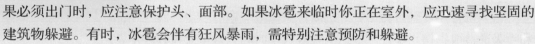

冰雹对农作物的危害相当大，也可以造成人员伤亡事件。我国是世界上雹灾较多的国家之一。

当冰雹来临时尽量不要外出，如果必须出门时，应注意保护头、面部。如果冰雹来临时你正在室外，应迅速寻找坚固的建筑物躲避。有时，冰雹会伴有狂风暴雨，需特别注意预防和躲避。

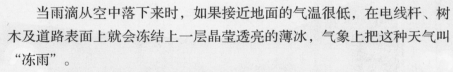

当雨滴从空中落下来时，如果接近地面的气温很低，在电线杆、树木及道路表面上就会冻结上一层晶莹透亮的薄冰，气象上把这种天气叫"冻雨"。

冻雨的危害是十分严重的，如电缆和电线上结上冰凌后会增加重量，遇冷会发生收缩，使电缆和电线绷断，导致通信和输电中断事故；农作物遇到冻雨会被冻伤、冻死；严重的冻雨会把房子压塌；地面上结冰，会导致交通事故剧增；飞机在穿越有冷水滴的云层时，机翼、螺旋桨会积水，影响飞机空气动力性能甚至可能会造成飞机失事。

发现冻雨出现，输电线沿线居民应该及时报警，不要私自采取行动，以免造成危险。行人在冻雨间行走要注意安全，防止摔伤。机动车行驶要安装防滑链，低速行驶。

冻雨中的避险自救 DONGYUZHONGDEBIXIANZIJIU

大风和沙尘暴中的避险自救

DAFENGHESHACHENBAOZHONGOEBIXIANZIJIU

　　大风和沙尘暴往往会使人看不清物体而迷失方向，还会吹倒房屋、大树，并衍生雷电、冰雹等危险情况，从而造成严重的灾害和损失。

　　室外遇到大风和沙尘暴时，应远离大树、广告牌、电线杆、简易房等，以免被砸、压或触电。如果来不及逃离，应迅速找低洼地或空旷场地趴下，脸朝下，闭上眼睛和嘴巴，用双手、双臂护住头部。

　　躲避大风和沙尘暴最安全的地方是混凝土建筑物和地下或半地下建筑。楼房的楼道和大厅都是最好的躲避场所。

　　行人最好不要骑自行车，外出时注意戴好口罩、纱巾等防尘用品，以免沙尘对眼睛和呼吸道造成损伤。学校应推迟上学或放学时间，直至大风和沙尘暴结束。

雷击中的避险自救
LEIJIZHONGDEBIXIANZIJIU

雷电是大气层中的放电现象，多形成在积雨云中。积雨云随着温度和气流的变化会不停地运动，摩擦生电，就形成了带电荷的云。云的上部以正电荷为主，下部以负电荷为主，上下部之间形成了电位差，当电位差达到一定程度后就会产生放电。在放电过程中，由于闪道中温度聚增，使空气体积急剧膨胀，从而产生冲击波，导致强烈的雷鸣。带有电荷的雷云与地面突起物接近时，它们之间就会发生激烈放电。在雷电放电地点会出现强烈的闪光和爆炸的轰鸣声。

雷雨天气外出应该带防水用具，不要带铜铁等金属器物，因为金属和湿衣服最容易导电。行走时不要靠近高压变电室、高压线、照明线和孤立的高楼、烟囱、电线杆、大树、旗杆等，更不要在雨中开、打手机。

在雷雨天气，不宜快速骑自行车和雨中奔跑，因为身体跨步越大，电压就越大，也容易伤人。如果正在湖、河中游泳，则必须立即上岸，迅速擦干身上的水，以免遭受雷击。

如果在户外看到高压线遭雷击断裂，此时应该提高警惕，因为高压线断点附近存在着跨步电压，身在附近的人千万不要跑动，而应该双脚并拢跳离现场。

对触电人员进行抢救、做人工呼吸时，应解衣扣，松内衣，使其平躺，这样有利于呼吸；人工呼吸时，先使触电人面向一侧，撬开嘴巴清理干净嘴里的异物，然后再进行人工呼吸抢救。如果触电人有微弱呼吸，人工呼吸时应配合触电人自然呼吸的节奏。

做人工心脏按压时，救护人员跪在触电者的腰部两侧，两手相叠，手掌根部放在其心窝上方，掌跟用力垂直向下（脊椎方向）按压，压出心脏里面的血液。对成年人每秒按压1次，每分钟60次为宜，对儿童每分钟100次为宜。

大雾和雾霾天气的避险自救
DAWUHEWUMAITIANQIDEBIXIANZIJIU

　　人们冬季取暖排放的CO_2污染物、汽车尾气的排放、工厂制造的二次污染、及灰尘大，空气湿度低，空气不流动等因素，使空气中微小颗粒聚集，漂浮在空气中，造成雾霾。能见度低于1000米的为雾天。雾霾及大雾天气应尽量减少户外活动，尤其是一些剧烈的运动，要多饮用水，注意休息。如果必须外出一定要戴上口罩，外出回来后应该立即清洗外面裸露的肌肤。

　　饮食要清淡，少食刺激性食物。如感觉到不适，可以提前服用一些感冒冲剂或含片等。同时，还要警惕"湿冷"病，冬季低温下出现雾霾、大雾，阻碍人体正常蒸发散热，对肾病、结核病和慢性腰腿病患者都有不利影响，容易诱发关节炎。因此，要多穿衣服，注意防寒保暖。

　　雾霾、大雾天气容易造成一氧化碳中毒，在室内取暖时要做好通风措施。

　　大雾天气也会影响人的心情。心理专家表示，天气阴沉、气压减低，人的心情确实会受到一些影响，会感觉情绪忧郁。如果出现这些负面情绪，应当学会自我调节，比如做一些让自己感觉轻松快乐的事情。

第四章　生活安全常识

中小学生在日常生活中，总是会遇到这样那样的安全问题。当遇到各种问题时，中小学生应能正确地应急避险、安全防护好自己，并能有效地处理好一些突发事件。

独自在家时怎样保护好自己
OUZIZAIJIASHIZENYANGBAOHUHAOZIJI

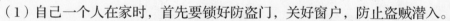

（1）自己一个人在家时，首先要锁好防盗门，关好窗户，防止盗贼潜入。

（2）有人来访时，你可以隔门与其对话，如果来人不是亲戚和家人，千万不可开门让其进家里。

（3）对自称是修水表、电表、电话等来人，可以给父母、小区物业等打电话，等家里大人回家后，方可开门。

（4）对自称是亲戚或是父母的熟人来访时，请你联系父母，等家人回来后方可开门。

（5）对自称是送水果、饮料或其他礼品的人，不要开门让他们进来放东西，可让他们把东西放在门口，等他们下楼或走远后再开门取东西。

遇到自称是父母的朋友、熟人怎么处理
YUDAOZICHENGSHIFUMUDEPENGYOU SHURENZENMECHULI

　　如果有人自称是你父母的朋友或是熟人，可你又没有见过，不认识他，那你就要提高警惕，不要轻易相信他的话。你应仔细询问他的情况，记住他的相貌特征，并要求他跟你父母通话，经父母同意后方可同行，不能随便跟他走。

　　当感觉自己有危险时，如果在学校要立刻告诉老师，如果你在大街上，你应该求助于警察或跑到人多的地方，同时想办法跟父母、家人联系，请他们来接你。

与家人走失了怎么处理
YUJIARENZOUSHILEZENMECHULI

　　如果在大街、商场或公共场所与家人走失时，要冷静，不要哭闹，更不要四处乱跑寻找家人，一定要呆在原地不动等待家人找你。

　　如果在车站、超市等场所与家人走失，你可以求助现场的工作人员，帮忙利用广播联系你的父母。

　　要记住父母或亲人的姓名、电话，可以求助于警察，不要轻易相信陌生人或向不认识的路人求救。

家里进盗贼怎么处理
JIALIJINDAOZEIZENMECHULI

　　如果你白天回家时发现家里进了盗贼，请你千万不要进家门，你应立即报警或通知邻居家的叔叔、阿姨帮忙报警。如果盗贼已离开你家里，你应该保护好现场，等待警察勘查现场，及时破案。

　　如果你一个人在家里，听到有人在撬门、开锁，你可以假装家里有人，并假装大声跟家人说话，也可以放大电视或音响的声音，吓跑盗贼。

　　如果你一个人在家时发现盗贼已进入家里，你千万不要一个人抓贼，以免导致个人安全受到威胁。你应该关闭、反锁自己的房门，并打电话报警。如果房间没有电话，你可以把重物系在绳子或床单上，然后从窗口扔下去敲打楼下邻居家的窗户，或打开窗户向外面扔东西并大声呼救。

家里失火了怎么处理
JIALISHIHUOLEZENMECHULI

（1）当你发现家里着火时，首先要切断电源，关闭煤气阀门，然后用水泼洒或用被褥、毛毯捂压方法应急灭火。

（2）在灭火的同时电话报警或大声呼救，如果火势迅速增大，你无法扑灭时，应快速撤离现场。在撤离时不可留恋家中财物而耽误逃生时机。

（3）实在无路可逃时，可利用卫生间进行避难。因为卫生间湿度大，温度低，可用水泼在门上，进行降温。

（4）在撤离现场的时候一定要关闭起火房间的门窗，以防止火势和烟雾蔓延到其他房间，造成家庭财产的更大损失。

（5）在撤离时，应用湿毛巾捂嘴，弯腰或匍匐前进。高楼失火逃生时尽量不要乘电梯逃生，因为高楼失火容易断电，人员在电梯里可能会被浓烟毒气熏呛而窒息。

发现煤气中毒怎么处理
FAXIANMEIQIZHONGDUZENMECHULI

当你发现有人煤气中毒时，应立刻打开门窗，将中毒者转移到通风良好、空气新鲜的地方。让病人平躺在地上，松解中毒者衣扣，使其保持呼吸通畅。如果发现中毒者呼吸骤停，应立即进行人工呼吸或体外心脏按摩。严重者应及时拨打120或送医院治疗。

另外，应查找煤气泄漏原因并及时排除隐患。

被宠物狗咬了怎么处理
BEICHONGWUGOUYAOLEZENMECHULI

被狗咬会导致人伤风和引发狂犬病，狂犬病致人死亡率是百分之一百，所以如果被狗咬伤决不能轻视，应该尽快采取紧急处理；

（1）发现自己被狗咬伤后，首先用绳索、手绢、皮带等物在伤口的上方扎紧止血，防止或减少病毒随血液流入全身，然后迅速用清水或20%浓度的肥皂水清洗伤口，待伤口清洗干净后，再用碘酒或酒精进行局部消毒，伤口不必包扎。

（2）伤口处理完毕后应该迅速去医院进行诊治，在24小时内注射狂犬病疫苗和破伤风抗生素针剂。

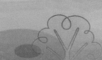

被马蜂、黄蜂蜇了应该怎么处理

BEIMAFENG · HUANGFENGZHELEYINGGAIZENMECHULI

　　蜂的种类很多，有蜜蜂、马蜂、黄蜂等，蜂的腹部末端有与毒腺相连的蜇刺，当蜇刺扎入人体时，可注入毒液将人体蜇伤。蜇伤后伤处会出现肿胀、水疱，局部剧痛或瘙痒，甚至出现烦躁、恶心、发烧、头痛等症状。

　　当你被马蜂、黄蜂蜇到时，要冷静，不要慌张。首先用针或镊子挑出伤口的毒刺，以免毒素进入体内，用肥皂水、食盐水或糖水清洗伤口，也可用食用醋涂抹患处，还可以用冰块冷敷或用生姜、大蒜、韭菜捣烂敷在患处。用以上方法处理后，要密切观察半小时，如果发现呼吸困难、呼吸声音变粗等症状，应立刻去医院进行救治。

怎样保护好自己的视力
ZENYANGBAOHUHAOZIJIDESHILI

眼睛是孩子观察世界、分辨事物的窗户，保护好自己的眼睛，是预防近视的有效措施。

不要在光线过强或过暗的地方看书或写字，要确保光线充足，科学用眼，读写姿势正确。读写时间要适宜，每半小时应到户外远眺一会儿，以消除眼睛疲劳。

不要长时间地看电视或使用电脑，时间最好控制在一小时之内，观看距离要适宜，角度要恰当。

生活起居要规律，要经常锻炼身体，每天坚持做眼睛保健操，每年定期检查视力1~2次，并根据视力情况对学习、生活进行调整。

鱼刺卡在喉咙怎么办
YUCIKAZAIHOULONGZENMEBAN

如果吃鱼时不小心鱼刺卡在喉咙里，你不要惊慌，喉咙也不要乱蠕动，这样会让鱼刺越扎越深，你可用筷子或手指轻轻刺激喉咙，引起咳嗽或呕吐，把鱼刺吐出来。

如果卡在喉咙里的鱼刺较大，可借用镜子、手电筒来观察鱼刺卡住的部位，可以用镊子、筷子等物把刺夹出来。

如果以上方法不能解决，不要用馒头、米饭等食物来强迫把鱼刺咽下，那样有可能会使鱼刺越扎越深或划伤喉咙，应该马上去医院进行诊治。

烫伤、烧伤怎么办
TANGSHANG SHAOSHANGZENMEBAN

如果你不小心被烫伤、烧伤，请不要慌乱，首先要迅速撤离热源，然后将烫伤、烧伤部位放在冷水中冲洗冷敷，稍后可以涂抹一些常用的烫伤药膏，切记不要将烫伤、烧伤起的水疱挤破。

千万不要在烫伤、烧伤部位涂抹酱油、牙膏、草灰等，因为这些东西不仅没有治疗作用，反而会延误治疗。

如果发生烫伤、烧伤，应该及时告诉家长，让家人帮助治疗。如果烫伤、烧伤面积过大或程度过深者，应该立即前往医院治疗。

跌伤、扭伤怎么应对
DIESHANG · NIUSHANGZENMEYINGDUI

　　如果是轻度扭伤、跌伤，皮肤没有出血破损，你可以用冷水做简单冲洗，减少活动。如果是四肢损伤，可抬高受伤的肢体，让血流通畅，加速血液循环。也可在患处涂抹红花油等活血药物或贴跌打损伤膏止痛。

　　扭伤、跌伤严重的，可以用冷水袋冷敷受伤部位。这样做可以使毛细血管收缩，防止淤血，有效减轻肿胀。

　　如果重度跌伤，要仔细观察跌伤部位关节是否变形、骨折，伤势严重的，应立即拨打120急救。

鼻子出血怎么办
BIZICHUXIEZENMEBAN

（1）在学校内外，因不小心磕碰鼻子出血时，不要惊慌。首先要将头直立，不要后仰，避免血液流入口腔，然后用消毒棉球、餐巾纸等物填塞鼻孔止血。

（2）用拇指和食指按压鼻翼两侧5~10分钟，进行迫压止血。也可用凉毛巾敷在脸上或用手撩凉水拍打额头，进行止血。如果出现流血不止的情况，应马上前往医院诊治。

在学校生病了怎么处理
ZAIXUEXIAOSHENGBINGLEZENMECHULI

（1）在学校感觉自己身体不适，首先第一时间要告诉老师，千万不要强忍着，老师会根据你的情况，采取正确措施处理。

（2）及时把自己身体不适的情况告诉父母，父母对你的身体状况比较了解，能帮助你进行正确处理。

（3）如果病情严重，立即到医院诊治。

怎样防范流行性感冒
ZENYANGFANGFANLIUXINGXINGGANMAO

（1）流感流行时，尽量不要出入人群拥挤的场所，如果出门最好戴上口罩，以免流行病毒传染你。

（2）房间要经常开窗通风，保持室内空气新鲜，房间内也可以用食醋熏蒸消毒。

（3）如果你已患上感冒，打喷嚏或咳嗽时应该用手帕或纸巾捂住口鼻，避免飞沫传播。

（4）要经常锻炼身体，勤洗手，饮食要营养均衡，每天尽量多喝白开水，这样可以增加身体的抵抗能力。

预防高温，防止中暑
YUFANGGAOWEN FANGZHIZHONGSHU

室内外空气温度超过35摄氏度时，人们称为高温。高温天气会给个人心理、身体带来不适，也给学习、生活带来很大影响。

预防高温，上学之前应适量喝一定淡盐水、绿豆汤等，并尽量带一些凉茶水，不要过度地吃冷饮，那样既不解渴，也容易伤胃。多吃水果和清淡容易消化的食物。

如果你发现自己头痛、头晕、胸闷、恶心等不适，那就说明你中暑了。这时你应该马上离开高温环境，到阴凉通风地方，松开上衣扣子，缓解不适。如果中暑严重，应该立即前往医院治疗。

儿童触电怎么救护
ERTONGCHUDIANZENMEJIUHU

　　儿童触电后会出现头晕、脸色苍白、心悸、四肢无力，甚至昏倒等情况。如果此时儿童神智清楚，呼吸、心跳均有规律，家长应让患儿平躺休息，并留心观察，如以上症状消失，就不需要做特殊处理。如果触电后严重昏迷、心跳加快、呼吸中枢麻痹以致呼吸困难，皮肤有烧伤、焦化或坏死等情况，就应及时抢救。

　　首先听听患儿是否有心跳、呼吸，如心跳或呼吸已停止，应立即进行人工呼吸或胸外心脏按摩，若抢救有效，在半分钟至一分钟内，患儿口唇会渐渐转红。此时应立刻把患儿送往医院及时救治。

　　对轻度昏迷或呼吸微弱患儿，可针刺、掐人中、刺涌泉等穴位，对无呼吸但有心跳患儿应采取人工呼吸，对有呼吸而心脏停止跳动患儿，则应立即用胸外心脏挤压法进行抢救。

　　如触电患儿心跳、呼吸都已停止，则同时采用人工呼吸和俯卧压背法和仰卧压胸法及胸外心脏挤压法抢救，这样能将带氧的血液压送到各处，供组织细胞利用。

儿童为什么不能玩火

ERTONGWEISHENMEBUNENGWANHUO

　　儿童年幼无知，又缺乏生活经验，出于好奇心，有时爱玩火。火对人类有很多好处，日常生活中人们用火煮饭，冬天里人们用火抵御寒冷。然而"水火无情"，火一旦失去控制，造成的后果是非常严重的。

　　（1）玩火容易烧伤自己和他人，给自己的身体带来伤害，更严重者有可能会玩火丧命。

　　（2）如果在家里玩火，一旦失火，会给家里的财产和经济带来损失。

　　（3）如果在树林旁、草地上、麦草场玩火，控制不住容易引起火灾，给国家经济造成重大损失。

　　（4）俗话说得好，"管得好，火是宝，管不好，火是妖"。如果有小朋友邀请你一起去玩火，请你告诉他，小朋友玩火是不对的。

为什么学生不宜饮酒
WEISHENMEXUESHENGBUYIYINJIU

随着人们生活水平的提高，青少年过生日或碰到喜庆的事情，常常会邀请同学、朋友到饭店吃喝庆祝，有的青少年逐渐养成了喝酒的习惯。喝酒对中小学生是有害无益的，为什么学生不宜饮酒呢？

（1）青少年正处于身体生长发育阶段，身体的各个器官很娇嫩，尤其是消化系统，因此不能过多地承受刺激性物质。酒具有刺激性，所含的酒精对肝、胃等器官的伤害更甚。

（2）喝酒会降低人的免疫力，酒后毛细血管扩张，散热增加，使人的抵抗力下降，容易患感冒、肺炎等疾病。

（3）饮酒过量会伤害大脑，使青少年记忆力下降，影响学习，严重的还会使智商下降。

（4）青少年饮酒过多容易引起大脑兴奋，控制能力变差，常常会因为一些小事与人发生争执，甚至会做出打架、伤害他人的错误行为。

中小学生吸烟有什么危害

ZHONGXIAOXUESHENGXIYANYOUSHENMEWEIHAI

很多中小学生认为吸烟是一种时尚，并且觉得很酷，而对吸烟的危害却认识不够。吸烟对中小学生的身体有哪些危害呢？

（1）吸烟时烟雾中有很多有害成分，对人体的呼吸道、心血管、神经系统、消化系统等都有着不同程度的伤害。烟草在燃烧时会产生烟焦油，它含有致癌物，能诱发多种癌症。烟草中的尼古丁是一种剧毒物质，对人的中枢神经有麻痹作用。长期抽烟，会引起心血管疾病。

（2）吸烟者的疾病死亡率比不吸烟者高70%，寿命也明显缩短。吸烟不仅害己，污染环境，还给他人带来了严重的危害。

燃放烟花爆竹怎么保证安全

RANFANGYANHUABAOZHUZENMEBAOZHENGANQUAN

燃放烟花爆竹在许多城市已明令禁止，但是在一些城镇、农村仍然允许。儿童在燃放烟花爆竹时应该如何注意安全呢？

（1）儿童燃放烟花爆竹应该由大人带领才能燃放，燃放时，烟花爆竹应放在地面上，或者挂在长杆上，严禁拿在手里燃放，以免炸伤。

（2）点燃炮竹后，如果没有炸响，不要急于上前拾捡，在确定安全后再查看。

（3）严禁在阳台、仓库、场院、商店等公共场所燃放烟花爆竹，以免引起火灾。

（4）严禁用鞭炮打仗，也不要燃放"钻天猴"之类的升空高、射程远不能控制的爆竹，以免炸伤人或引起火灾。

滑冰时如何注意保护自己安全
HUABINGSHIRUHEZHUYIBAOHUZIJIANQUAN

滑冰是一项深受青少年喜爱的运动，同时滑冰也有一定的危险，如何在滑冰中保护自己的安全呢？

（1）初学滑冰者，最好有老师辅导和保护，滑冰时要保持身体重心平衡，避免向后摔倒而摔坏腰锥和后脑。在人多的地方滑冰，要注意力集中，避免相撞。

（2）滑冰的时间不宜过长，在寒冷的环境里活动，身体热量损失较大。在休息时，应该穿好防寒衣服，同时解开冰鞋鞋带，活动脚部，使血液流通，这样能防止冻疮。

（3）滑冰要选择安全的场地，在湖泊、水塘、江河上滑冰，应该选择冻冰结实，没有冰窟窿和裂纹、裂缝的冰面滑冰，要尽量靠近岸边附近滑冰。初冬或初春时节，冰面尚未冻实或开始融化，此时千万不要去冰面滑冰，以免冰面断裂而发生事故。

游泳时应该注意哪些安全问题
YOUYONGSHIYINGGAIZHUYINAXIEANQUANWENTI

（1）不要背着老师、家长私自与同学、朋友去河流、湖泊和深水塘游泳，因为那些地方十分不安全，经常会发生溺水事故。青少年的水性一般都不是很好，如果发生危险不好救助。

（2）下水前先做一些准备工作，检查一下自己的游泳衣、帽和游泳圈或其他游泳器具是否安全，然后在浅水处等身体适应了水温后再游泳。

（3）不要空腹游泳，不要"扎猛子"和长时间潜水、打闹。游泳时间不宜过长，一般在水中停留30~60分钟为宜。

（4）游泳结束后，应用清水冲洗身体，掏出耳内积水，并用眼药水滴眼消毒。

游泳时腿抽筋怎么处理
YOUYONGSHITUICHOUJINZENMECHULI

如果发现游泳时腿抽筋了，千万不要紧张，要保持冷静。首先你可以仰面浮于水面，把抽筋的腿使劲伸直，脚指头上翘，双手按搓或敲打抽筋部位，直至抽筋部位缓解。如果方便上岸，就立即上岸自救。

如果在深水处腿部抽筋剧烈，无法自救，应立刻大声呼救。

（1）如果你不小心落水了，请不要惊慌失措，更不要拼命挣扎，这样不仅使自己更加危险，而且对营救人员施救不利。要放松身体，尽量让身体躺浮在水面，保持鼻孔、嘴巴露出水面，用嘴吸气，用鼻呼气，然后大声呼救。

（2）如果水流急，头浮不出来，应憋住气，用手捏住鼻子，避免呛水。要及时去掉身上的重物，顺着水流，边漂边游，当漂到水浅和水流平缓的地方时，要及时站起，不要错过良机。

（3）合理使用救生设备或抓住身边的漂浮物，保持平静，减少体能消耗，设法靠近岸边或等待营救。

自己落水怎么自救
ZIJILUOSHUIZENMEZIJIU

（1）当你发现同伴落水时，如果你的水性很好，要尽快想法游到落水者背后，托住落水者的腋下或两腮迅速游回岸边。正面救助会让惊慌的落水者死死抓住，不利于你的救助。救人时最好是携带游泳圈、木板等漂浮物。

（2）救助上岸以后，观察落水者，如果其意识正常，可清除其口腔、鼻腔内的分泌物；如果其意识丧失，应马上托起落水者的腹部，使其头脚下垂，让水自动排出，或马上进行人工呼吸，做之前，先清除其口腔分泌物，将其舌头拉出，保持呼吸道畅通。在抢救的同时，应该马上拨打120急救电话以便送医院继续抢救。不要一上岸就急着送医院，这样落水者有可能死在路上。

（3）如果落水者掉进冰窟窿里，救助时应该趴在冰面上，将木棍或绳子递给落水者，千万不要站立在冰面上，以防压破冰面。

同伴落水怎么救护

TONGBANLUOSHUIZENMEJIUHU

青少年外出自护方法
QINGSHAONIANWAICHUZIHUFANGFA

（1）外出时首先要告诉父母自己要去哪里，大约何时回来，同谁在一起，联系方法是什么。

（2）尽可能结伴而行。夜晚如果单独外出，要走灯光明亮的大道，不走小路。要带手电筒、哨子、报警器等物，便于求救。

（3）家门钥匙和贵重物品要放在身上不宜发现的地方，预防抢夺或丢失。提包要斜跨在肩上，包口要朝身前贴身，预防偷盗、抢夺。

（4）不要搭陌生人的顺路车，乘坐公交车时要尽量靠近司机或售票员。尽量避免在无人的汽车站等车，预防成为坏人的目标。

（5）独自走夜路时，一定要昂首挺胸，即使害怕，也要精神抖擞，要让不怀好意的人望而却步。

第五章 食品安全知识

食品安全问题，已经成为危及中小学生身体健康及生命安全的问题。中小学生了解和重视食品安全知识，是当前迫在眉睫的头等大事。

十大垃圾食品
SHIDALAJISHIPIN

垃圾食品，是指对人的身体没有营养价值，反而因为经常食用会导致疾病，影响身体健康的食品。十大垃圾食品是哪些呢？

（1）油条等油炸类食品：油炸淀粉，会使蛋白质变质，它含有致癌物，是导致心血管疾病的元凶。

（2）咸菜等腌制食品：经常食用腌制过的咸菜，易得溃疡和发炎，咸菜对肠胃有害，是导致鼻咽癌、高血压、肾负担过重的元凶。

（3）烤羊肉串等烧烤类食品：肉类食物放在炭炉里烧烤会含有大量的致癌物，一只烤鸡腿的毒素相当于抽60支香烟，常食用烤肉，会加重肾、肝脏的负担。

（4）膨化食品等方便类食品：膨化食品盐分过高，只有热量，没有营养，它含有香精、防腐剂，经常食用有损肝脏。

（5）碳酸饮料食品：雪碧、可乐等饮料含糖类过高，它含有的碳酸、磷酸，会带走体内大量的钙。

（6）鱼、肉、水果等罐头类食品：鱼、肉、水果罐头类食品，营养低，热量多，同时破坏维生素，使蛋白质变质。

（7）各种雪糕、冰激凌冷冻甜品类食品：雪糕、冰激凌等冷冻甜品，含糖量过高，常吃过冷的食物对肠胃不好，也易引起肥胖。

（8）肉干、香肠等加工肉类食品：加工的肉类食品，含有大量的防腐剂和致癌物，常食用对肝脏有害。

（9）果脯话梅蜜饯类食品：含防腐剂和致癌物。

（10）桃酥饼干等类食品（不含低温烘烤和全麦饼干）：严重破坏维生素，食用香精和色素过多，营养成分少。

常吃洋快餐坏处多

CHANGCHIYANGKUAICANHUAICHUDUO

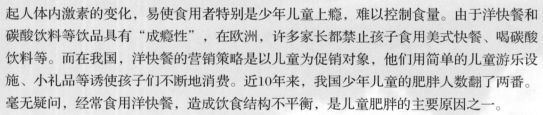

当前全球都在抵制洋快餐时，中国的洋快餐市场却很受少年儿童的追捧，每到周末或是节假日，各种快餐店都是宾朋满座，生意十分红火。那洋快餐给中国的少年儿童带来了怎样的危害呢？

（1）损害少年儿童智力：加拿大的研究人员研究发现，洋快餐的脂肪含量超高，儿童常吃洋快餐会损害正在发育的神经系统，对大脑和思维素质造成永久性的伤害。

（2）导致肥胖和性早熟：人体内的激素——瘦素控制着人体的饮食行为，汉堡包、炸薯条等美式快餐可引起人体内激素的变化，易使食用者特别是少年儿童上瘾，难以控制食量。由于洋快餐和碳酸饮料等饮品具有"成瘾性"，在欧洲，许多家长都禁止孩子食用美式快餐、喝碳酸饮料等。而在我国，洋快餐的营销策略是以儿童为促销对象，他们用简单的儿童游乐设施、小礼品等诱使孩子们不断地消费。近10年来，我国少年儿童的肥胖人数翻了两番。毫无疑问，经常食用洋快餐，造成饮食结构不平衡，是儿童肥胖的主要原因之一。

（3）氢化油导致慢性病：洋快餐用的油是氢化油，即把植物油加氢气后生产出的油，其含有38%的反式脂肪酸，长期食用反式脂肪酸会导致糖尿病、冠心病等慢性疾病。

（4）致癌物质含量高：瑞典国家食品管理局2002年公布的一项研究结果表明，汉堡包、炸鸡、炸薯条等食物中含有大量的丙烯酰胺，这种物质可导致基因突变，损害中枢和周围神经系统，诱发良性或恶性肿瘤。2004年，美国食品与药品管理局公布了750种食品检验结果，再次证实了炸薯条、炸鸡等食品含的丙烯酰胺最高，英国、法国、日本等国也纷纷进行了检测，全部都得出了相同的结论。

（5）洋快餐具有"三高"和"三低"的特点，即"高热量、高脂肪、高蛋白质"和"低矿物质、低维生素、低膳食纤维"，被国际营养学界称为"垃圾食品"。

儿童吃膨化食品不益健康
ERTONGCHIPENGHUASHIPINBUYIJIANKANG

目前，膨化食品在我国品类繁多，如油炸薯条、雪饼、虾条、玉米棒等。这些膨化食品深受小朋友的喜爱。

膨化食品口味鲜美，但从成分结构看，属于高油脂、高热量、低粗纤维的食品。从饮食结构分析有很大的缺陷，只能偶尔吃一点。长期大量食用膨化食品会造成油脂、热量摄入高，粗纤维摄入不足。如果再加上不经常运动，会造成人体脂肪积累，出现肥胖。青少年如果大量食用膨化食品，会影响正常饮食，导致多种营养素得不到保障和供给，容易出现营养不良。膨化食品普遍高盐、高味精，食用过多，儿童成年后易患高血压和心血管疾病。

儿童不宜多吃彩色食品
ERTONGBUYIDUOCHICAISESHIPIN

彩色食品所用的染料是合成色素，含有一定的毒性，儿童摄入食用染料，会对身体产生一定影响，干扰体内正常的代谢反应，使糖、蛋白质、脂肪、维生素和激素等的代谢过程受到影响，会出现腹胀、腹痛和消化不良等不适症状。

合成色素还能积蓄在体内，导致慢性中毒。当合成色素附在胃肠壁时，使之产生病变，附在泌尿系统器官时，容易诱发器官结石。

儿童体内各器官比较脆弱，对化学物质尤为敏感，如果食用合成色素过多，会影响神经，容易引起儿童多动症。

远离碳酸饮料
YUANLITANSUANYINLIAO

在人们的生活中，饮料是儿童饮食中不可缺少的。常喝碳酸饮料对人体有哪些损害呢？

（1）碳酸饮料含有大量的色素、添加剂、防腐剂等物质，其对人的身体损害较大。这些成分在人体内代谢时需要大量的水分，而且可乐含有的咖啡因也有利尿作用，会促进水分排出，使人越喝越渴。

（2）含糖量、热量高，经常饮用，容易使人肥胖。

（3）含有酸性物质，会软化牙釉质，促进牙齿龋洞形成，导致牙齿损坏。

（4）含有大量二氧化碳，抑制人体有益细菌并破坏人体消化系统，饮用后容易引起腹胀，影响食欲，甚至造成肠胃功能紊乱，引发肠胃疾病。

（5）含有磷酸，影响人体钙吸收，会导致骨骼发育缓慢、骨质疏松等。

（6）钙是结石的主要成分，含有咖啡因的碳酸饮料饮用过多，钙含量就大幅度增加，容易产生结石。

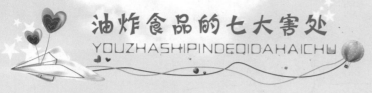

油炸食品的七大害处
YOUZHASHIPINDEQIDAHAICHU

（1）含反式脂肪高，食用过多会破坏人体脂肪，导致人体发胖，记忆力下降。会引发心脑血管疾病，甚至降低人的生育能力。油炸食品被国际公认为十大垃圾食品之首。

（2）反式脂肪会阻塞血管，容易引起血栓，还会让人体血管弹性减小、变脆，容易使心脑血管出现意外。

（3）不易消化，会给肠胃增加负担。

（4）导致癌症的发病几率增高。

（5）破坏营养，容易造成营养不均衡。

（6）损失维生素B，膨松剂含量高，引起神经系统病变，导致记忆力减退，智力下降，严重者可能痴呆。

（7）含有瘦素，食用后人容易"上瘾"，导致人体各种疾病的发生。

食物污染引起中毒

SHIWUWURANYINQIZHONGDU.

　　近年来，我国食品安全事故频频发生，从著名的三鹿"三聚氰胺奶粉"事件到食品添加剂、防腐剂事件，给人们的生活带来了不安全感。通过下面案例，希望能增强青少年的食品安全意识。

　　（1）2001年6月13日晚9时，广东南海市某高中81名学生在校吃完晚餐后出现腹痛、发热、头晕等症状，个别学生还发生了呕吐、腹泻等。经卫生部门和公安机关查证，此次食物中毒事件致病细菌是都柏林沙门氏菌，中毒原因是病菌交叉污染食物。

　　（2）2001年9月3日，吉化公司所属的16所中小学校发生严重的豆奶中毒事件。万余名学生饮用学校购买的"万方"牌豆奶后，6362名学生集体中毒。至今，仍有多名饮用豆奶的学生被不同的病症缠身，其中3名学生患上了白血病。

发生食物中毒怎么处理
FASHENGSHIWUZHONGDUZENMECHULI

发生食物中毒，最好马上去医院就诊。如果无法尽快就医，可采取以下措施急救：

（1）催吐：如果发生食物中毒的时间较短，可采用催吐的方法。取食盐20克，加200毫升开水，冷却后一次喝下；如果吐不出，可多喝几次，以促呕吐。也可用手指、筷子刺激喉咙，引发呕吐。

（2）导泻：如果发生食物中毒的时间超过2小时，但中毒病人精神尚好，则可以服用一些泻药，促使有害食物尽快排出。

（3）解毒：如果吃了变质的鱼、虾、蟹等食物引起食物中毒，可取食用醋100毫升，加水200毫升一次服用。如果误食了变质的饮料或防腐剂，最好的急救方法是饮用鲜牛奶或其他含有蛋白质的饮料解毒。

第六章　报警常识

　　遇到自然灾害、人身意外伤害、交通事故及生命财产安全受到威胁或其他紧急情况时，可及时拨打110（紧急呼救）、119（火警抢救）、120（医疗急救）进行求救。这些报警电话，平时不要随意拨打，否则会因为扰乱报警急救工作而受到处罚，只有在遇到危险的紧急情况时方可拨打。

如何拨打110报警电话求救
RUHEBODA110BAOJINGDIANHUAQIUJIU

　　如果遇到以下三种情况，可拨打110报警电话求救：

　　（1）当被随意殴打或生命受到暴力威胁时；

　　（2）当财产受到不法侵害时；

　　（3）当遇到危难和灾害需要帮助时。

　　拨打110时首先要告知自己的姓名、联系电话、当前位置，尽可能说明事件的时间、地点、性质（什么事）、违法行为人的人数、体貌特征等情况以及交通工具的出入方向；如果不明确具体地点，可告知现场周围较明显的建筑物或景观等，便于警方及时判断案件的发生地。

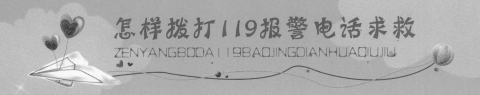

怎样拨打119报警电话求救
ZENYANGBODA119BAOJINGDIANHUAQIUJIU

（1）如果发生火灾，拨打119报警电话求救时，应详细说明火灾发生的地点（街、路、门牌号）、楼层，说明起火的部位、着火物资和火势大小及火灾周边是否有易燃易爆物品、高层大楼、道路情况等状况，有无人员受困等，便于消防人员正确及时救火。

（2）报警时最好留下自己的姓名和联系方式，问清楚救援人员大致到达的时间，便于提前等候，指引救火、救援人员。

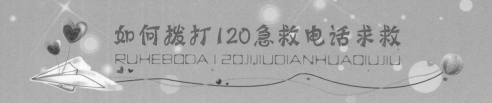

如何拨打120急救电话求救
RUHEBODA120JIJIUDIANHUAQIUJIU

当遇到突发疾病、意外事故伤害时，应立即拨打120急救电话求救，拨打120求助时，要尽可能地说清楚患者情况。

（1）简要描述患者的性别、年龄、主要受伤部位和症状，患者所在的具体地点及周围明显标志，便于救护人员寻找。

（2）说明患者患病或受伤的时间、原因。如果是意外伤害，要说明意外的原因，如溺水、触电、交通事故、食物中毒等。

（3）留下现场联系人的姓名、电话，便于救护人员随时联系。

（4）等待救护车到来之前应提前做好搬运准备，尽量移开影响搬运病人的杂物，方便担架快速通行。

一旦遇险求救信号要明显
YIDANYUXIANQIUJIUXINHAOYAOMINGXIAN

求救信号要记清，危难时刻管大用，顽强智慧求生存，SOS语言全球通。

（1）短信求救法：在你不方便打电话求救时，可以用发短信的方法进行求救。

（2）声响求救法：你可以根据当时的环境条件，通过喊话、吹哨子、敲击脸盆等物品的方式发出求救信号。

（3）抛物求救法：如果你在高处遇险时，你可以向下抛掷衣物、字条、书本等物品求救。向下抛物时不宜抛笨重物品或玻璃制品，以免误伤他人。

（4）光线求救法：如果是夜晚遇险，你可根据周围环境采用灯光、手电光、烟火等方式求救。

（5）摆字或旗语求救法：根据周围环境，你可用石块、衣物、树枝等物品在空地上摆字，或用颜色鲜亮的衣物绑在木棍上进行求救。

第七章 必须掌握的急救知识

中小学生学习和掌握一定的急救知识在日常生活中很重要，它能帮助我们更好的保护自己。可以在关键时刻起到大作用。

常用的急救知识
CHANGYONGDEJIJIUZHISHI

（1）心脏复苏救护：当你发现有人晕倒并心脏停止跳动时，紧急救护方法是松开患者衣领及腰带，清理口腔内的异物及假牙，一手向下推前额，一手抬下颚，使头部保持后仰的姿势，打开气道。

（2）人工呼吸：捏住患者的鼻子两侧，将口对着患者口唇，缓缓用力地吹气，使患者胸部扩张。

（3）胸外心脏按压：双手重叠放在患者胸骨中下部三分之一交接处，双臂不得弯曲，用整个上半身的力量垂直按压。人工呼吸和胸部按压应该交替进行。

（4）及时拨打120急救电话求助。

快速止血救护
KUAISUZHIXIEJIUHU

（1）初步判断出血速度、出血量是否为动脉出血。如果出血量小，可用加压包扎止血：清洗伤口后，用消毒或干净的绷带、毛巾或布料盖在伤口处，再用绷带紧紧地缠绕住，进行加压包扎。

（2）指压止血：用手掌、手指或者拳头压迫伤口近端的动脉，达到止血的目的。

（3）止血带止血：此止血方法适用于四肢大动脉的出血，最好是用橡皮止血带勒紧伤口以上部位止血。如果没有橡皮止血带，也可用绷带、毛巾等其他物品替代。使用止血带时，时间不宜超过3小时，并应该每隔30分钟放松止血带一次。

伤口包扎救护
SHANGKOUBAOZHAJIUHU

（1）包扎可以起到减少伤口污染、压迫止血、减轻疼痛、固定骨折位置等作用。

（2）在包扎伤口时，要由上而下，由左到右，从远离心脏端至近心脏端包扎，包扎时要松紧适中，这样可以帮助静脉血液的回流。

（3）包扎绷带最后固定的结应该系在肢体的外侧端，不要系在伤口上与容易受压的部位或骨骼隆突处。

（4）在紧急情况下，如果没有消毒辅料，可以用干净的毛巾、衣物等物替代。

伤员搬运救护
SHANGYUANBANYUNJIUHU

（1）现场搬运伤员是为了迅速及时地将伤员转移到安全的地方，如果没有专业的搬运工具，可以自制简易的搬运工具。比如：可以利用衣物、床单等制成简易担架。也可以用木板折叠床、座椅等代替担架，作为简单的搬运工具。

（2）用担架搬运伤员时，搬运人员应协调一致，共同将伤员移至担架上。如果搬运不当，将会给伤员造成二次创伤。

（3）搬运时，伤员要脚部朝前，头部朝后，这样便于后面的搬运人员随时观察伤员的病情变化。

（4）在搬运伤员上下坡或上下楼时，要保持担架的平行和平稳，使担架持水平状。

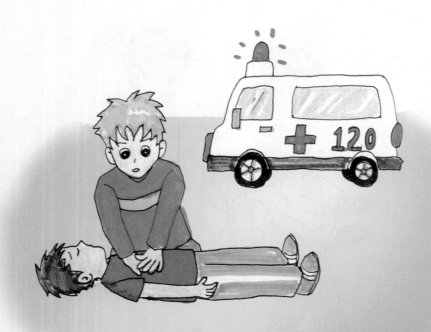

急救的黄金时刻
JIJIUDEHUANGJINSHIKE

（1）现场救护是抢救的最佳黄金时刻。一般发病后的10分钟，是实施抢救的重要时刻，被称为急救的黄金时刻。

（2）过去，人们将抢救危重急症、意外伤害患者的希望都寄托在医生身上，对现场救护的重要性缺乏认识，往往使处于生命垂危之际的患者丧失了最宝贵的抢救机会。

（3）在事故发生现场，第一目击者的正确抢救，将是决定患者生与死的关键一步。现场正确抢救不但能够为医院救治创造条件，赢得时间，而且能够最大限度地挽救患者的生命，减少伤残。